Entdecke die Planeten

Stephanie Turnbull

Gestaltung von Zöe Wray

Illustrationen: Kuo Kang Cheng und Uwe Mayer

Fachberatung: Stuart Atkinson

Lesedidaktische Beratung: Alison Kelly,

Roehampton-Universität, Surrey

Inhalt

Der Nachthimmel

Schaust du nachts in den Himmel,
kannst du im fernen Weltraum viele Sterne
leuchten sehen.
Vielleicht entdeckst du auch den Mond.

Das, was du siehst,
ist nur ein winziger
Ausschnitt des
Weltraums.

Der Mond ist größer, als du
denkst! Es würde etwa vier Tage
dauern, ihn im Mondmobil zu
umrunden.

Im Weltraum

Die Erde ist ein Gesteinsbrocken im Weltraum. Sie gehört zu einer Gruppe von neun Planeten.

Jeder Planet umkreist die Sonne auf seiner eigenen unsichtbaren Bahn.

Die Sonne und die Planeten bilden zusammen das Sonnensystem.

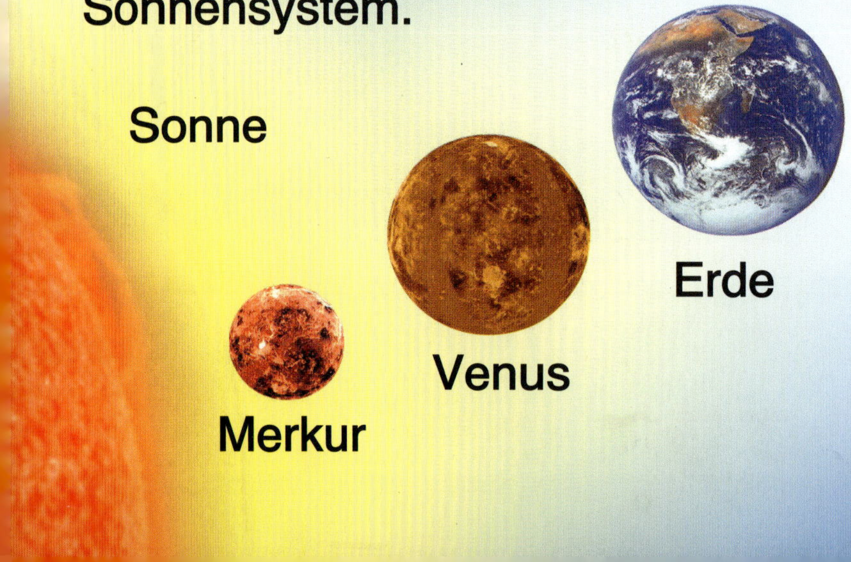

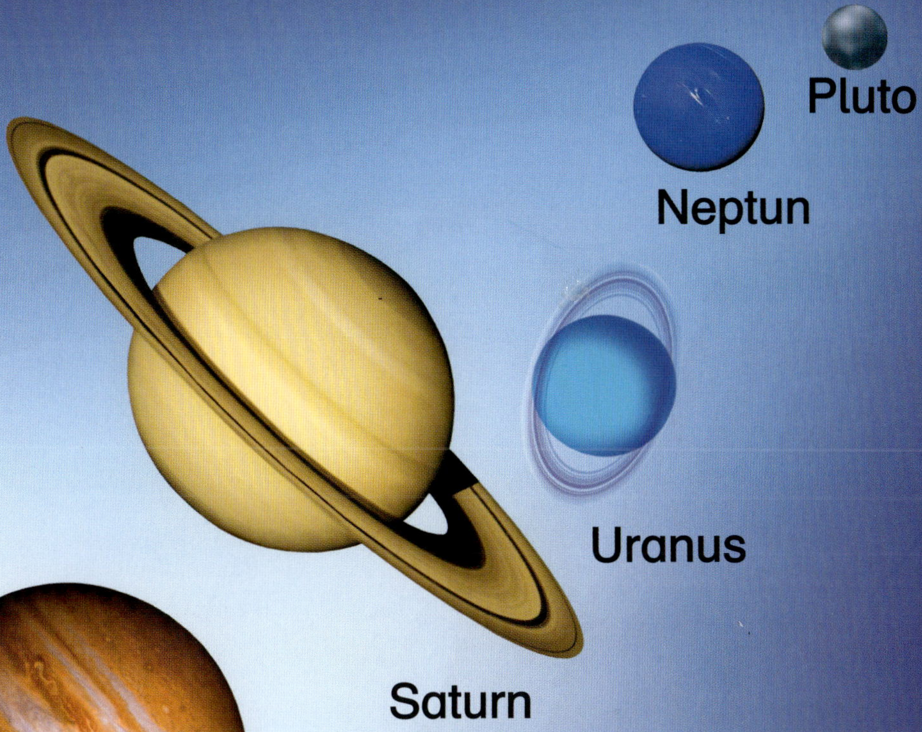

Die meisten Planeten sehen hier aus, als wären sie gleich groß. Aber in Wirklichkeit sind einige viel größer als die anderen.

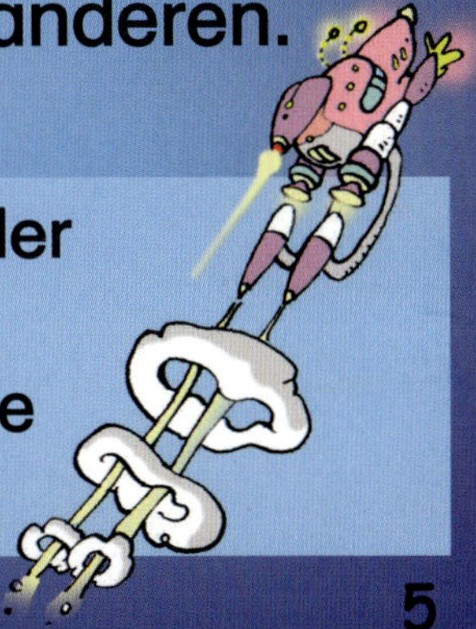

Der Planet Pluto ist so weit von der Erde entfernt, dass ein schnelles Raumschiff bis dorthin zehn Jahre brauchen würde.

Die Sonne

Die Sonne ist ein Stern. Von allen Sternen steht sie am nächsten zur Erde und erscheint uns deshalb am größten.

Die Sonne entstand durch dicke Wolken aus Staub und Gas.

Sie formte sich zu einem glühenden Gasball, der in der Mitte am heißesten ist.

Die Oberfläche der Sonne brodelt und kocht.

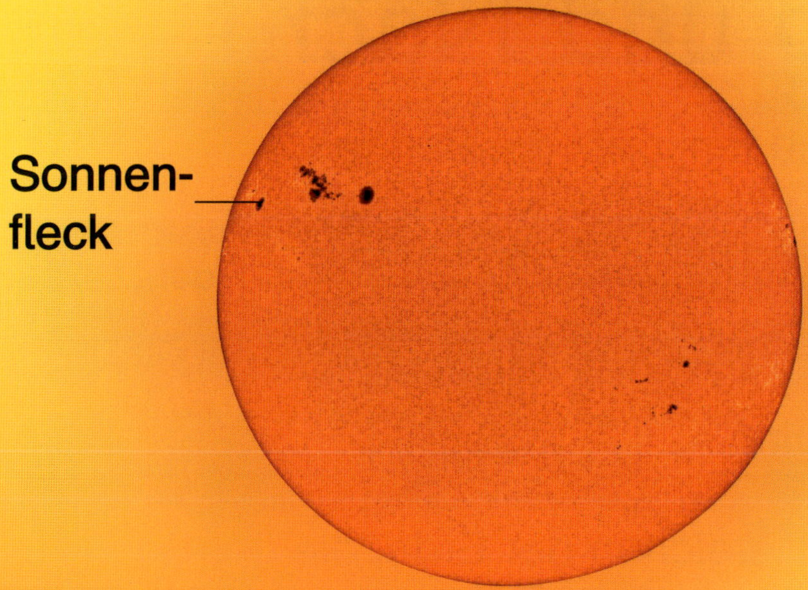

Die dunklen Stellen auf der Oberfläche der Sonne nennt man Sonnenflecken. Es sind die kältesten Bereiche der Sonne.

Schau nie direkt in die Sonne. Das starke Licht kann deinen Augen schaden.

Tag und Nacht

Die Erde umkreist die Sonne.

In den Bereichen der Erde, die der Sonne zugewandt sind, ist es Tag.
In den Bereichen, zu denen das Licht nicht vordringt, ist es Nacht. Da sich die Erde dreht, ist es überall mal Nacht und mal Tag.

Wird es dort, wo du lebst, dunkel, dann wird es auf der anderen Seite der Erde gerade hell.

Vor einigen Jahren schickte man ein Raumschiff zum Mars.

Es öffnete sich und ein Roboterfahrzeug fuhr heraus.

Das Fahrzeug war etwa so groß wie ein Skateboard. Wissenschaftler steuerten es von der Erde aus. Sie ließen es herumfahren und Fotos aufnehmen.

Weil der Merkur so nah zur Sonne steht, ist seine Oberfläche heißer als kochendes Wasser.

Ferne Planeten

Jupiter, Saturn, Uranus, Neptun und Pluto sind weit von der Sonne entfernt. Deshalb ist es auf diesen Planeten sehr kalt.

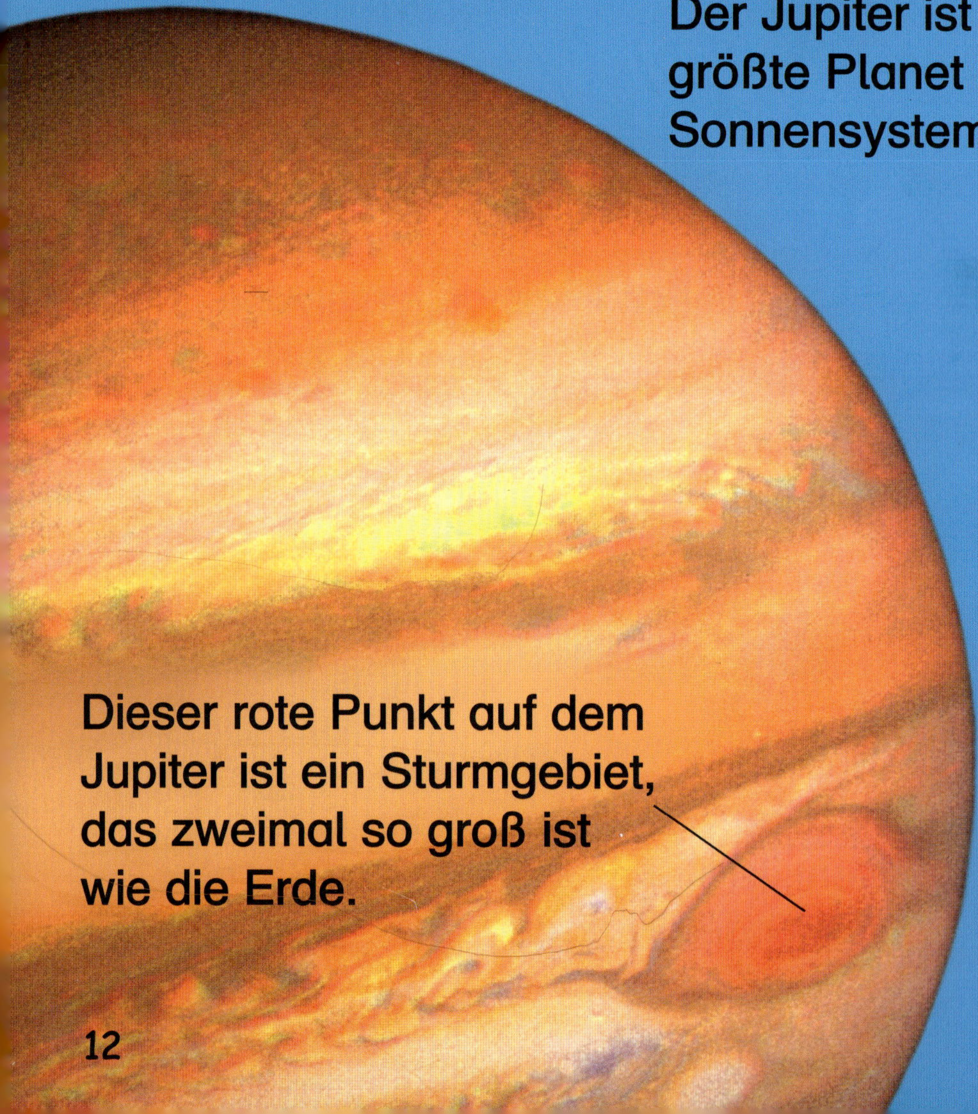

Der Jupiter ist der größte Planet im Sonnensystem.

Dieser rote Punkt auf dem Jupiter ist ein Sturmgebiet, das zweimal so groß ist wie die Erde.

Der Saturn ist von hellen Ringen umgeben.

Aus der Ferne wirken sie, als wären sie aus einem Stück.

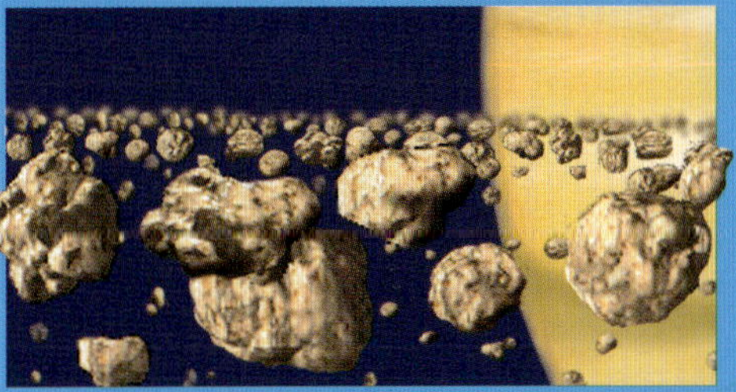

In Wirklichkeit besteht jeder Ring aus einzelnen Steinen, Staub und Eis.

Plutos Oberfläche ist gefroren. Wie eine riesige Eislaufbahn!

Der Mond

Der Mond ist eine Gesteinskugel, die fortwährend um die Erde kreist.

Die Sonne beleuchtet dabei immer andere Teile von ihm. Deshalb scheint es, als würde der Mond am Himmel seine Form verändern.

Steht die Sonne hinter dem Mond, so kannst du seine beleuchtete Seite nicht sehen. Es ist Neumond.

Manchmal kannst du nur einen Teil des Mondes sehen, die Mondsichel.

Beleuchtet die Sonne die ganze Seite des Mondes, so siehst du den Vollmond am Himmel.

Auch andere Planeten haben Monde. Der Jupiter hat mehr als vierzig!

Eine Gesteinswüste

Der Mond ist trocken und staubig. Hier gibt es keine Luft und kein Wasser und deshalb auch kein Leben.
Die steinige Oberfläche des Mondes ist hügelig und voller riesiger Löcher, die Krater heißen.

Die meisten Krater des Mondes sind so groß, dass ganze Städte hineinpassen würden.

Durch den Weltraum
schweben viele
Gesteinsbrocken.

Manchmal schlägt ein
Brocken auf dem Mond
ein.

Der Stein springt aus-
einander. Staub fliegt
umher.

Es bleibt ein tiefer Krater
zurück.

Mondfahrten

Der Mond ist der einzige Ort im Weltraum, den die Menschen betreten haben.
So gelangten die Astronauten dorthin:

1. Eine Rakete mit Astronauten sauste in den Weltraum.

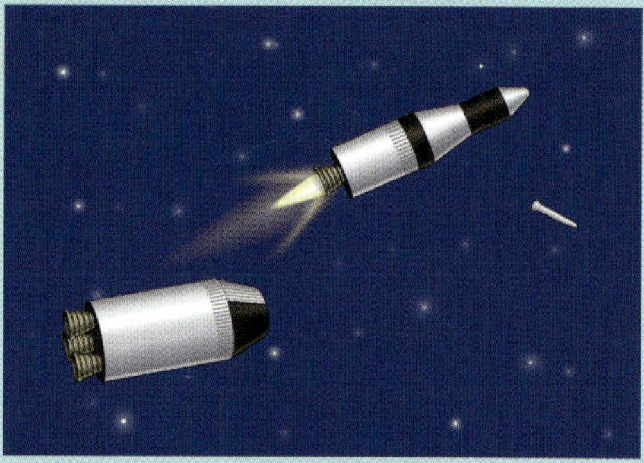

2. Einige Teile der Rakete fielen ab und ein kleines Raumschiff blieb übrig.

3. Eine Mondfähre kam heraus und landete auf dem Mond.

4. Die Astronauten kletterten aus der Fähre und betraten den Mond.

Die Astronauten erforschten den Mond in einem elektrischen Mondmobil. Sie sammelten Steine, die sie mit zur Erde nahmen.

Dieser Stein stammt vom Mond.

Eines Tages wird es vielleicht sogar Hotels auf dem Mond geben. Möchtest du hier Urlaub machen?

Versteckspiele

Manchmal wandert der Mond vor die Sonne und verdeckt sie. Diesen Vorgang nennt man Sonnenfinsternis.

Der schwarze Kreis ist der Mond, der die Sonne bedeckt. Um ihn herum leuchten die Gase der Sonne.

Zu Beginn einer Sonnenfinsternis sieht die Sonne aus, als wäre ein Stück von ihr abgebissen worden.

Eine kurze Zeit lang verdeckt der Mond ganz und gar die Sonne. Es wird dunkel.

Je mehr der Mond die Sonne verdeckt, desto dunkler wird der Himmel und desto kälter wird es.

Während einer Sonnenfinsternis glauben viele Tiere, es sei Nacht, und gehen schlafen.

Die Sterne

Alle Sterne sind glühende Kugeln aus Gas. Auch die Sonne.

Der helle Stern auf dem Foto ist viel größer als die Sonne. Doch da er so weit weg ist, sieht er kleiner aus.

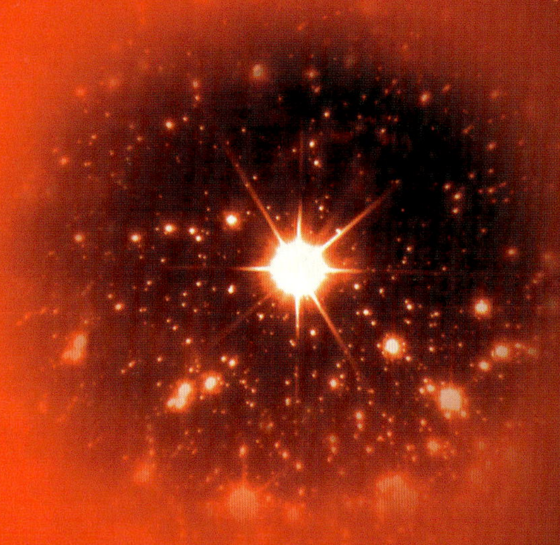

Manche Sterne werden im Laufe vieler Jahre größer und dunkler.

Sie blasen Gaswolken ins All und erlöschen langsam.

Viele Sterne wandern zu zweit umher. Man nennt sie Doppelsterne.

Einige große Sterne explodieren. Diese Gaswolke ist alles, was von einem explodierten Stern übrig ist.

Sternenhaufen

Manche Sterne ergeben zusammen mit anderen ein Sternbild.

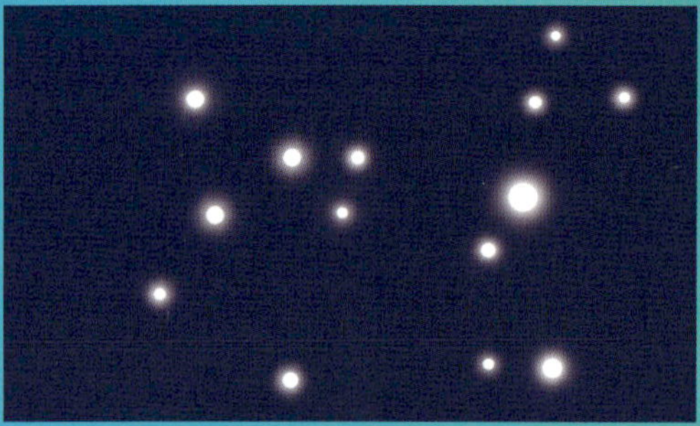

Dieses Sternbild heißt der Große Hund.

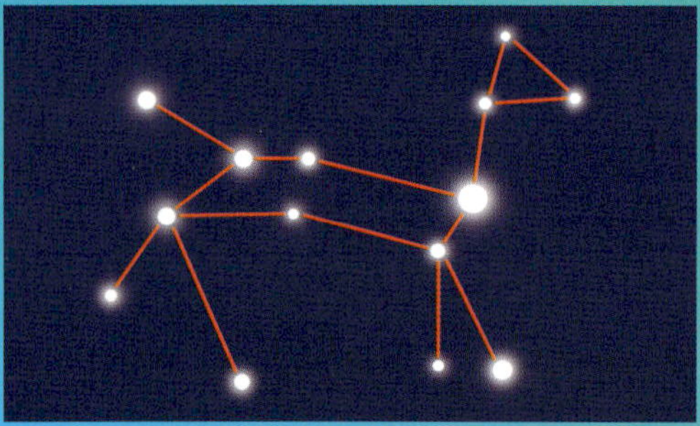

Verbindet man die Sterne mit Linien, erkennst du den Hund.

Eine Gruppe von Billionen Sternen nennt man Galaxie. Es gibt eine Galaxie, die aussieht wie ein Strudel. Sie heißt Whirlpool.

Die Whirlpool-Galaxie

Die meisten Galaxien sind spiralförmig oder oval. Eine sieht sogar wie ein Rad aus!

Sternschnuppen

Eine Sternschnuppe ist kein echter Stern. Sie ist ein kleiner, heißer Stein aus dem Weltraum.

Sternschnuppen nennt man auch Meteore. Sie sehen aus wie Sterne, die vom Himmel fallen.

Oft fallen viele Steine auf einmal aus dem All auf die Erde. Dies nennt man Meteoritenschauer.

Die Steine erhitzen sich, sobald sie der Erde zu nahe kommen.

Sie verglühen und hinterlassen dabei einen Lichtschweif.

Einige Steine sind zu groß, um zu verglühen. Sie schlagen in die Erde ein. Dieser riesige Krater stammt von einem Meteoriteneinschlag in Arizona in Amerika.

Blick ins All

Mit Fernrohren, den Teleskopen, schauen die Menschen ins All.

Dieses riesige Teleskop fliegt um die Erde. Es nimmt Fotos auf und schickt sie zur Erde.

Ein Raumschiff brachte das Teleskop ins All.

Der Roboterarm hob das Teleskop heraus.

Am Anfang arbeitete das Teleskop nicht richtig. Die Astronauten mussten es reparieren.

Durch leistungsstarke Teleskope kann man weit entfernte Planeten, Sterne und ganze Galaxien näher und größer sehen.

Wichtige Begriffe

Einige Wörter in diesem Buch sind bestimmt neu für dich. Hier erfährst du, was sie bedeuten.

Planet – ein riesiges, rundes Objekt im Weltraum. Die Erde ist ein Planet.

Sonnensystem – die Sonne und die neun Planeten bilden das Sonnensystem.

Krater – ein Loch auf der Oberfläche des Mondes oder eines Planeten, das durch den Einschlag eines Meteoriten entstanden ist.

Astronaut – eine Person, deren Beruf es ist, in den Weltraum zu fliegen und dort zu arbeiten.

Mondfähre – ein kleines Raumschiff, mit dem man auf dem Mond landen kann.

Galaxie – eine Sterngruppe aus Billionen Sternen. Im Weltraum gibt es mehrere Millionen Galaxien.

Teleskop – Sieht man hindurch, erscheinen Objekte, die weit entfernt sind, plötzlich näher und größer.

Das Internet

Im Internet kannst du noch mehr über Planeten und Sterne herausfinden. Bevor du ins Internet gehst, lies die Seite 33 über »Sicherheit im Internet«, am besten zusammen mit einem Erwachsenen.

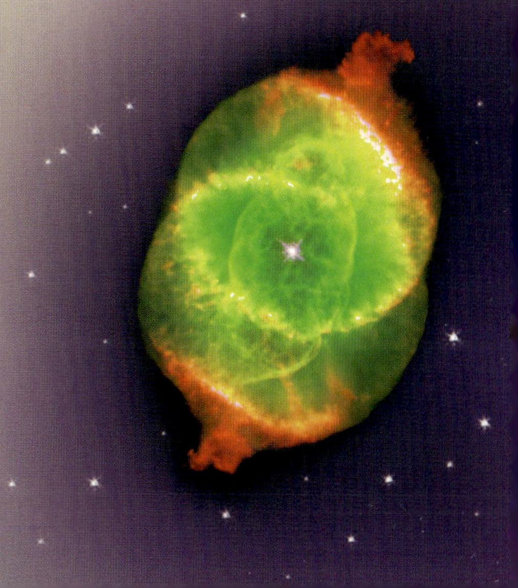

Suchwörter

In neuer Rechtschreibung

ISBN 3-401-08560-3
2. Auflage 2005

Übersetzung: Harriet Grunewald

Die Originalausgabe erschien 2003 bei Usborne Publishing Ltd., Usborne House, 83–85 Saffron Hill London ECIN 8RT, England. www.arena-verlag.de

Redaktionsleitung: Fiona Watt
Lay-out: Mary Cartwright
Bildbearbeitung: Emma Julings und John Russell
Danksagung an John Armstrong und Katie Daynes

Sicherheit im Internet

– Frag einen Erwachsenen um Erlaubnis, bevor du ins Internet gehst.

– Gib im Internet nie deinen vollen Namen, deine Adresse oder Telefonnummer an. Frag einen Erwachsenen, ob du deine E-Mail-Adresse angeben darfst.

– Wenn du dich auf einer Internetseite anmelden willst, bitte erst einen Erwachsenen um Erlaubnis.

– Wenn du eine E-Mail von einer unbekannten Person erhältst, öffne sie nicht und beantworte sie nicht. Sag einem Erwachsenen Bescheid!